BEI GRIN MACHT SICH IHR WISSEN BEZAHLT

- Wir veröffentlichen Ihre Hausarbeit,
  Bachelor- und Masterarbeit

- Ihr eigenes eBook und Buch -
  weltweit in allen wichtigen Shops

- Verdienen Sie an jedem Verkauf

Jetzt bei www.GRIN.com hochladen
und kostenlos publizieren

Bibliografische Information der Deutschen Nationalbibliothek:

Die Deutsche Bibliothek verzeichnet diese Publikation in der Deutschen National-
bibliografie; detaillierte bibliografische Daten sind im Internet über http://dnb.d-
nb.de/ abrufbar.

Impressum:

Copyright © 2008 GRIN Verlag, Open Publishing GmbH
Druck und Bindung: Books on Demand GmbH, Norderstedt Germany
ISBN: 9783640650422

Dieses Buch bei GRIN:

http://www.grin.com/de/e-book/152935/muslime-in-suedthailand

Julian Yusof

Muslime in Südthailand

Hintergründe des Widerstands

GRIN Verlag

Muslime in Südthailand

Hintergründe des Widerstands

Rheinische Friedrich-Wilhelms-Universität Bonn
Institut für Orient- und Asienwissenschaften

Modul: Islam, Jihad und Terror
Hausarbeit SS 2008 – 28.09.08
Vorgelegt von Julian Yusof
4. Semester BA-Asienwissenschaften

Inhaltsverzeichnis

1 Einleitung

Als Mitte des 15. Jahrhunderts der Seehandel zwischen dem Nahen Osten und China florierte, galt das Königreich Patani als wohlhabend und erfolgreich. Der Islam galt als Synonym für wirtschaftlichen Erfolg und Patani war das Zentrum islamischer Gelehrten in Südostasien.

Heute gilt die Region als das „Armenhaus" Thailands und die Spirale der Gewalt scheint kein Ende zu nehmen (STAHR 2002: 221).

Wie kam es dazu und was sind die Hintergründe für den Jahrhunderte andauernden Konflikt zwischen den Muslimen in Südthailand und der Regierung des Landes?

Diese Arbeit beschäftigt sich mit der Frage nach den Hintergründen in Bezug auf den Widerstand der Malay-Muslims in Südthailand. Schwerpunkte setzt diese Arbeit im Bereich der Umstände und Gründe für den Widerstand sowie in der Darstellung der beteiligten Akteure.

Im ersten Abschnitt möchte ich zunächst auf die Heterogenität der Muslime in Thailand hinweisen. Ich erachte dies als grundlegend für das weitere Verständnis meiner Arbeit, insbesondere vor dem Hintergrund, dass das offizielle Thailand diesen Tatsachen widerspricht.

Im zweiten Teil skizziere ich die Geschichte der Region. Die Vergangenheit dieser Region soll die enge Verbundenheit der Bevölkerung mit der Malaiischen Welt und die Abneignung gegenüber Thailand verdeutlichen.

Daraufhin möchte ich mich den beteiligten Parteien und Akteuren des Konflikts zuwenden. Beginnen werde ich mit der Regierung und deren Zentralisierungspolitik am Beispiel Islam in Thailand.

Der nächste Abschnitt ist der Bevölkerung in Südthailand gewidmet, wobei es mir hier darauf ankommt deren Situation zu beschreiben und als Resultat den passiven Widerstand vom folgenden Aktiven abzugrenzen.

Anschließend stelle ich in Kontrast zum passiven, den aktiven Widerstand vor. Zwei separatistische Gruppen werde ich knapp skizzieren.

Daraufhin möchte ich die Rolle Malaysias in Bezug auf diesen Konflikt skizzieren.

Auf eine Analyse der aktuellen Situation habe ich bewusst verzichtet, da diese von einer neuen Dimension geprägt ist und den Rahmen dieser Hausarbeit sprengen würde.

1.1 Heterogenität der Muslime in Thailand

Bevor ich mich dem Hauptthema dieser Hausarbeit, der speziellen Situation der Muslime in Südthailand, widme, möchte ich zunächst die Heterogenität aller Muslime in Thailand skizzieren.

Neben dem Staatsvolk der Thais, welche ca. 85% der Bevölkerung Thailands stellen, und einer chinesischen Minderheit, ca. 10% der Bevölkerung, stellen Muslime mit ca. 5 bis 6% der Bevölkerung die die drittgrößte Bevölkerungsgruppe in Thailand (STAHR 1997: 213, 217).

Obwohl die thailändische Regierung alle im Land lebenden Muslime als Thai-Muslime bezeichnet, ist eine Unterteilung dieser Minderheit unumgänglich. Die staatliche Volkszählung aus dem Jahr 2000 beziffert die Gesamtzahl aller in Thailand lebenden Muslime mit 2.815.900. Von Ihnen sind 2.345.800 sogennate Malay-Muslime, welche sich ethnisch, kulturell und religiös stark mit Malaysia verbunden fühlen, aber dazu später mehr. Weitere muslimische Gemeinden gibt es in Bangkok (274.100) und Zentral-Thailand (156.400), welche sich größtenteils aus Einwanderen aus dem Nahen Osten und Südasien zusammensetzen, sowie ca. 26.000 ethnisch chinesische Muslime im Norden Thailands (FUNSTON 2006: 78).

Mit Ausnahme der Malay-Muslime leben diese Gemeiden als Minderheit friedlich mit den buddhistischen Thais zusammen und gelten als assimiliert. Ferner sehen Sie sich als Thai-Muslime und bekennen sich klar zum Staat Thailand (STAHR 1997: 217).

Die Ausnahme bilden die in den südlichen fünf Provinzen (Satun, Songkhla, Yala, Narathiwat und Pattani) lebenden Malay-Muslime. Sie stellen dort dreiviertel der Bevölkerung und fühlen sich als eine von einer Minderheit beherrschten Mehrheit. Sie sind ethnisch malaiische Muslime, welche sich nicht nur aufgrund Ihrer Religion sondern vor allem auch durch Ihre Kultur und Traditionen der malaiischen Welt zugehörig fühlen. Bekräftigt wird diese Zugehörigkeit zu Malaysia dadurch, dass ein Großteil der dortigen Bevölkerung malaiisch spricht und des thailändischen nicht mächtig ist oder keinerlei Interesse daran hat es zu lernen (FUNSTON 2006: 77).

Die „respektierte Minderheit" und die „unterdrückte Mehrheit" betitelt STAHR (1997: 216) diese Unterteilung um die Heterogenität noch deutlicher herauszustellen.

1.2 Historische Hintergründe und Ursprung des Aufstands

Im folgenden Abschnitt möchte ich die Gründe für die besondere Situation der Malay-Muslims in Südthailand und deren starke kulturelle Bindung an Malaysia aufzeigen. Die Folge dieser Bindung ist auch die Ursache für die weitverbreitete Ablehnung des thailändischen Staates und die separatistischen Bestrebungen.

Die Wurzeln der muslimischen Gemeinden in Südthailand liegen in der Islamisierung des maliischen Archipels gegen Ende des 13. Jahrhunderts als sich arabische und persische Händler im Zuge Ihres aufstrebenden Handels mit China in den Hafenstädten der Region niederließen. Gegen Ende des 14. Jahrhunderts konnte bereits ein regelmäßiger Handel etabliert werden. Neben dem Sultanat Malakka war Patani einer der wichtigsten Häfen auf der Handelsroute nach China. Die Bevölkerung profitierte wirtschaftlich von dieser Entwicklung und der Islam wurde gleichgesetzt mit wirtschaftlichem Erfolg und Wohlstand. Somit war diese neue Religion höchst populär und große Teile der damaligen Bevölkerung konvertierte zum Islam. Dies gilt vor allem auch für die herrschenden Führungseliten, welche sich einen Machtzuwachs erhofften. Allerdings blieben auch viele ihren alten animistischen und vom Hinduismus geprägten Traditionen treu und es entstand eine Form von Sykretismus, welchen man als Vorläufer des heutigen Adat-Islams der malaiischen Welt bezeichen kann (YEGAR 2002: 73).
Gegen Mitte des 15. Jahrhunderts galt das Königreich Patani (nicht zu verwechseln mit der thailändischen Provinz Pattani) als islamischer Staat und als Zentrum für islamische Schulen des malaiischen Archipels. Diese Entwicklung hatte auch seinen Einfluss auf umliegende Provinzen welche sich über Südthailand erstreckten. Gleichzeitig unternahm das thailändische Königreich Siam Bestrebungen seinen Einfluss auf das heutige Südthailand auszudehnen. Konflikten wurde durch ein Tributsystem vorgebeugt, was soviel bedeutet, dass kleinere Königreiche und Staaten die Oberherrschaft Größerer anerkennen durch die regelmäßige Abgabe von Geschenken. Hervorzuheben ist allerdings, dass die malaiischen Sultanate dies eher als einen Akt der Freundschaft verstanden haben wohingegen Siam dies als einen Akt von Loyalität und Unterwerfung wahrnahmen. Solange es keine direkte Einflussnahme Siams in die Angelegenheiten der malaiischen Sultanate gab zahlte man weiterhin seinen Tribut. Bekräftigt wurde diese Entscheidung auch durch die Tatsache, dass das Sultanat von Malakka, welches seinen Höhepunkt während dieser Zeit hatte, im Falle eines Angriffs den malaiischen Sultanaten Unterstützung zusagte (YEGAR 2002: 74).
1511 wurde Malakka von den Portugiesen erobert und Siam verstärkte seine direkte Einflussnahme auf die nördlichen malaiischen Sultanate. Bereits zu beginn des 17. Jahrhunderts gab es vereinzelte Aufstände gegen die siamesischen Einflussnahme, doch erst gegen Ende des 18. Jahrhunderts nahmen diese größere Ausmaße an. 1785 schickte der siamesische König

Rama I. erstmals Truppen in das heutige Grenzgebiet um seine Macht zu demonstrieren und seinen direkten Einfluss auszuweiten. Das Königreich Patani wurde aufgeteilt in mehrere Provinzen. Diese Provinzen hatten zwar immer noch malaiische Herrscher, jedoch wurden diese fortan direkt von Bangkok kontrolliert und genossen somit kaum Spielraum für eigenständige Entscheidungen. Auch wurden folgende Aufstände blutig niedergeschlagen (YEGAR 2002: 75-76).

Im folgenden 19. Jahrhundert wurden die malaiischen Sultane immer mehr zum Spielball siamesischer und britischer Interessen. Die Briten hatten sich im Süden der malaiischen Halbinsel als Regionalmacht etabliert und forderten von Siam Stabilität in dessen Provinzen in Südthailand. Siam setzte seine Zentralisierungspolitik fort und malaiische Gouverneure wurden nach und nach ersetzt durch thailändische Vertreter. Im Jahr 1901 wurden schlussendlich alle Provinzen direkt dem Innenministerium unterstellt. Somit hatte das sich über Jahrhunderte bewährte Tributsystem ein Ende. 1902 wurde das islamische Gesetz, die Sharia, verboten und fortan galt das von Bangkok aus durchgesetzte siamesische Recht. Eine Ausnahme bildete das private Leben welches durch muslimische Richter geregelt werden sollte. Dieses Zugeständnis war jedoch lediglich ein Schein, da diese Richter wiederum unter Kontrolle Bangkoks standen. Die muslimische Bevölkerung verweigerte sich diesen Gesetzes und regelte fortan jegliche Streitigkeiten unter sich selbst (YEGAR 2002: 77-78).

Im Jahr 1909 kam es zur Unterzeichnung des Anglo-Siamesischen Vertrags, welcher die Grenze zwischen der siamesischen und der britischen Einflusssphäre besiegelte. Diese entsprechen der heutigen Grenze zwischen Thailand und Malaysia. Somit war die Spaltung der ethnisch und kulturell homogenen Gruppe der Malay-Muslims besiegelt ohne die Interessen der Bevölkerung zu beachten oder die verheerenden Auswirkungen zu bedenken. Fortan versuchte die die Regierung die Malay-Muslims zu assimilieren, wobei dies verweigert wurde und eher eine Autonomie oder sogar Abspaltung angestrebt wurde seitens der Bevölkerungsgruppe der Malay-Muslims (YEGAR 2002: 79).

2 Akteure und beteiligte Parteien

Im diesem Abschnitt möchte ich die verschiedenen Akteure vorstellen, welche im Zusammenhang mit dem „Problem" der Malay-Muslime in Südthailand von Bedeutung sind. Ferner möchte ich darstellen, welche Interessen diese Parteien haben und auf welche Weise sie versuchen diese durchzusetzen.

2.1 Regierung

Die Regierung Thailands sieht, wie bereits im ersten Abschnitt erwähnt, alle Muslime in Thailand als eine homogene Gruppe. Von daher ist es schwierig von konkreten Maßnahmen oder der Gewährung bestimmter Rechte in Bezug auf Malay-Muslime zu sprechen. Dementsprechend skizziert sich auch deren Politik als ineffektiv in Bezug auf die Probleme in Südthailand, da diese eine konkrete Ausrichtung auf die Besonderheiten und Umstände in dieser Region erfordern. Das Ziel der Regierung ist es die Malay-Muslime in den thailändischen Staat zu integrieren und und eine Identifizierung dieser Minderheit mit den Idealen des Staates zu erreichen.

Da in Thailand das Recht auf Religionsfreiheit gilt, gibt es einige Institutionen, welche auch die Malay-Muslime nutzen können um sich einen gewissen Einfluss zu wahren. Zum Einen gibt es in jeder Provinz, in der es mindestens drei Moscheen gibt, ein „Provincial Committee for Islamic Affairs" (PCIA). Es besteht meist aus Geistlichen und sonstigen Autoritätspersonen der jeweiligen Provinz, welche von den Imams der jeweiligen Moscheen vorgeschlagen und dann von dem jeweiligen Gouverneur ernannt werden. Seine Aufgabe und Funktion ist es dem jeweiligen Gouverneur der Provinz in islamischen Fragen zu beraten. Aufgrund der rein beratenden Funktion und der Tatsache, dass die Gouvaneure fast ausschließlich Thais sind ist der Nutzen dieses Gremiums jedoch sehr fraglich und eher als Kontrollorgan der Regierung zu sehen. Dem eigentlichen Problem, der mangelnden Repräsentation von Malay-Muslimen in den südlichen Provinzen, hilft dies in keinster Weise (STAHR 1997: 219).

Des weiteren müssen sich alle Moscheen in Thailand bei der Regierung in Bangkok registrieren lassen um eine Erlaubnis zu erhalten. Fehlt diese wird die Lizenz entzogen. Die nächst höhere Institution ist der „National Council of Islamic Affairs" (NCIA). Er umfasst 48 Mitglieder, wobei 36 alle sechs Jahre von den PCIAs gewählt werden und 12 vom Chularatmontri ernannt werden. Seine Funktion ist die Unterstützung des Chularatmontri in islamischen Fragen. Der Chularatmontri ist die oberste islamische Instanz in Thailand. Er regelt sämtliche den Islam betreffende Aufgaben der Regierung wie z.B. die Registrierung von Moscheen, Organisation islamischer Feiertage, Verteilung von Fördermitteln an Moscheen oder Pilgerreisende und die Ausstellung von Fatwas, islamischen Rechtsgutachten. Gewählt wird er von den PCIAs und dann bestätigt durch den Premier Minister und den König. Hervorzuheben ist auch, dass von allen bisherigen Chularatmontri kein einziger aus Südthailand stammte (FUNSTON 2006: 83-84).

Auf weitere Maßnahmen der Regierung, welche zum Teil heftige Proteste und Aufstände zur Folge hatten, werde ich im nächsten Kapitel näher eingehen.

2.2 Bevölkerung & passiver Widerstand

Aufgrund der bereits erwähnten engen Bindung und dem Zusammengehörigkeitsgefühl zu Malaysia und dem mittlerweile seit über 100 Jahre andauernden Assimilationsbestrebungen seitens der thailändischen Regierung besitzt der Aufstand der Malay-Muslims auch eine passive, gesellschaftliche Dimension, welche in folgendem Zitat verdeutlicht wird:

> Das eigentliche Widerstandspotential bildeten stets die gesellschaftliche Ebene und der emotionale Widerstand. In der Bevölkerung bestand von Anfang an eine konstant ablehnende Front gegen die fremden Herren. Dabei handelte es sich aber weniger um einen aktiven, als vielmehr um einen passiven Widerstand, der aus verschiedenen Formen der Ablehnung, der Abgrenzung und der Verweigerung bestand. (FUNSTON 1997: 223)

Dieser soeben beschriebene passive Widerstand zeigt sich vor allem im täglichen Leben der Bevölkerung. So gibt es selten soziale Kontakte zwischen Malay-Muslims und Thais und die jeweiligen Gruppen bleiben grundsätzlich unter sich. Es bestehen Vorurteile und Hass auf beiden Seiten. So kennen viele Malay-Muslims Thais nur als höhere, arrogant wirkende Angestellte der Regierung, von den man sich als „Khaek" (Fremder/Besucher) beschimpft, diskriminiert fühlt (FUNSTON 1997: 221, 223).

Andererseits ist die Kommunikation auch allein aufgrund der Unterschiedlichen Sprachen beinahe ein Ding der Unmöglichkeit. Oft benötigt man Mittelsmänner, welche beider Sprachen mächtig sind (FUNSTON 1997: 223).

Ein weiteres trennendes Element ist die Bildung. Seit Zeiten des Königreich Patani gab es in der Region ein Netz von Islamschulen (Pondoks), welche ein fester Bestandteil der Malay-Muslims und deren Kultur bzw. Tradition sind. Die Pondoks waren schon immer sehr angesehene Schulen mit Schülern aus der ganzen Welt. Viele der Malay-Muslims schickten ihre Kinder auch nach dem Aufbau eines thailändischen Schulsystems weiterhin in Pondoks, vor allem auch aufgrund der stark buddhistischen Prägung dieser „neuen" Schulen. Diese Schulen wurden von buddhistischen Mönchen geleitet und Islam sowie Malaiisch stand in keinster Weise auf dem Stundenplan. Als die Regierung ab 1961 versuchte die Pondoks ins thailändische Schulsystem einzugliedern und 1964 verbot die malaiische Sprache zu lehren endete dies in Massenprotesten und Anschlägen auf staatliche Schulen. Die Malay-Muslims sahen dies als einen Angriff auf ihre malaiisch-muslimische Identität und viele Eltern schickten ihre Kinder in Internate in den Nahen Osten, Malaysia oder andere islamische Länder. Dieses Fehlverhalten der Regierung bekräftigte die Verweigerungshaltung der Bevölkerung vielmehr (YEGAR 2002: 132-136).

Ein weitere Grund für die Unzufriedenheit der Malay-Muslims ist die katastrophale wirtschaftliche Situation der hauptsächlich ländlichen Region. Vor allem wenn man bedenkt, dass die Region zu Zeiten des Königreichs wohlhabend und autark war, ist es demütigend nun als wirtschaftlich schwächste Region zu gelten (STAHR 1997: 221).

Traditionell im Fischfang und der Kautschukernte tätig sind die Bauern und Fischer schon lange nicht mehr wettbewerbsfähig und ohne Hilfe der Regierung sind nun viele arbeitslos oder verdienen einfach viel zu wenig. So sind mittlerweile viele in Subsistenzwirtschaft tätig und arbeiten lediglich für sich selbst (YEGAR 1997: 125-126).

Fatal für die wirtschaftliche Situation war auch die Politik der Thaiisierung der Regierung, welche bis zu 100.000 Thais in der Region ansiedelte. Die Idee war es die Mehrheit der Malay-Muslime zu kippen um sie zu assimilieren. Der Effekt ist, dass die wirtschaftliche Konkurrenz stieg und nun das meiste Kapital der Region in den Händen weniger Thais und Chinesen liegt (STAHR 1997: 222).

2.3   Separatistische Gruppen & aktiver Widerstand

Bereits bevor 1960, als die ersten guerilla-artigen Widerstandsgruppen entstanden, gab es starke separatischtische Bemühungen seitens Vertreter der südthailändischen Provinzen. Gründe hierfür sind zum einen die bereits erwähnte Zentralisierungspolitik der Regierung, welche unter anderem die Zersplitterung des Gebietes des Königreichs Patani in Pattani, Yala und Narathiwat zur Folge hatte. Sowie das Assimilierungsprogramm der Regierung, welches z.B. die islamischen Traditionen als rückständig brandmarkte. Hoffnungen auf Unabhängigkeit machte man sich vor allem in der Zeit nach 1945, welche geprägt war von Unabhängigkeitsbestrebungen weltweit (CHALK 2002: 166-167).

Trotz ihrer ideologischen Unterschiede hatten alle separatistischen Gruppierungen ab 1960 zunächst das gleiche Ziel, die Schaffung eines unabhängigen muslimischen Staates mit Pattani als Zentrum. Als Mittel unternahm man kleinere terroristische Anschläge um sich als gesetzlose, unberechenbare Provinz darzustellen (CHALK 2002: 168).

Im Folgenden möchte ich die zwei bedeutendsten Gruppen vorstellen:

2.3.1 Barisan Revolusi Nasionale (BRN)

Die BRN entstand 1960 aus radikalisierten Pondok Schülern und hatte enge Beziehungen zur Communist Party of Malaya (CPM). Die Prinzipien der BRN waren Antikolonialismus und Antikapitalismus, islamischer Sozialismus und malaiischer Nationalismus. Sie lehnte das thailändische politische System und dessen Verfassung strikt ab und hatte sich dem bewaffneten Kampf verschrieben. Die Ziele der BRN sind zunächst die vollständige Unabhängigkeit von Thailand und die Errichtung eines souveränen Malay-Muslim Staates, welcher im Anschluss in eine Große malaiische sozialistische Nation unter einer gemeinsamen Flagge integriert werden sollte (CHALK 2002: 169-170).

Unter dem Eindruck der Kommunistischen Gefahr während des Kalten Krieges schaffte es die BRN durchaus eine Bedrohung für die thailändischen Behörden darzustellen. Jedoch hatte diese Gruppe einige Schwachpunkte. Zum einen war Sie eher provinziell und schaffte es nicht internationale Unterstützung zu organisieren. Zum Anderen passte ihre linke, sozialistische Einstellung nicht wirklich zu der eher konservativen Ausrichtung der Malay-Muslims in Südthailand. Des Weiteren verlor sie im Zuge des Niedergangs der Sowjetunion dermaßen an ideologischen Argumenten, dass es als unwahrscheinlich gilt, dass sie weiterhin von Bedeutung sein wird (CHALK 2002: 170-171).

2.3.2 Pattani United Liberation Organization (PULO)

Die PULO ist zweifelsohne die größte und prominenteste Gruppe, gegründet 1968 mit dem Ziel eine effektive und einflussreiche Malay-Muslim Opposition zubilden. Ihre Anhänger sind eine neue Generation von militanten Muslimen, viele von ihnen wurden während ihres Aufenthalts im Nahen Osten (siehe Pondoks 2.2) radikalisiert. Ihre Ideologie basiert auf der gemeinsamen Religon, Nationalismus, Heimatland und Humanismus. Ferner besitzen sie eine weitreichende Strategie, welche unter anderem die Förderung des Bildungsstandards, des politischem Bewusstseins, sowie des Nationalgefühls beinhaltet. Insbesondere ist ein Ziel die internationale Gemeinschaft auf die Probleme in der Region aufmerksam zumachen. Die Anwendung von Gewalt wird strikt abgelehnt (CHALK 2002: 171).

Der militärische Arm der PULO ist die Pattani United Liberation Army (PULA), welche zahlreiche Anschläge ausübte. Diese galten insbesondere Institutionen des Staates. Einen entscheidenden Vorteil besitzt die PULO durch ihre offiziell strikte Abgrenzung zur PULA. Die ermöglichte ihnen große politische Unterstützung durch Staaten des Nahen Osten und Malaysia zu erhalten. Dies brachte ihnen nicht nur die Legitimation ihrer Existenz, sondern auch konkrete militärische Ausbildung durch Unterstützerstaaten (CHALK 2002: 172).

Besonderes Aufsehen erregten die Aktionen im Jahr 1993, welche vier Anschläge innerhalb eines Monats brachten. Seit besonderer Kontrolle der Grenzen Mitte der 90er Jahre zwischen Malaysia und Thailand befindet sich die Gruppe im Niedergang (CHALK 2002: 173).

2.4 Malaysia

Die Frage nach den Beziehungen Malaysias zu den separatistischen Elementen in Südthailand ist geprägt von einer offiziellen Seite und einer inoffiziellen, eher gesellschaftlichen Seite. Zum Einen besteht eine sehr starke gesellschaftliche Bindung aufgrund der gemeinsamen ethnischen Herkunft und Identität. Allein aufgrund der Tatsache, dass die Meisten der Malay-Muslims lediglich Malaiisch sprechen spricht für eine enge emotionale und gesellschaftliche Bindung. Beispiele sind unter anderem regelmäßige Bewegungen von Arbeitern zwischen den beiden offiziell getrennten Regionen sowie die übliche Entsendung von Kindern in Schulen in Malaysia. Des Weiteren stellt die Partei Se-Islam (PAS), welche in den Grenzstaaten Malaysias regiert, die nötige politische Unterstützung zur Verfügung. Verständnis und Sympathie zeigt auch die gesamt-malaiische Bevölkerung für die Probleme und Interessen der Malay-Muslims in Südthailand, was sich vor allem in der Presse Malaysias widerspiegelt. Sehr bedeutend ist zudem die Duldung von Flüchtlingen der zahlreichen separatistischen Gruppen im Grenzgebiet Malaysias, welche als Grundlage für deren Existenz durchaus Bedeutung hat (STAHR 1997: 227).

Dem entgegenstehend ist die offizielle Haltung der Regierung Malaysias. Es werden zwar Sympathien bekundet, jedoch wurde niemals materielle Unterstützung gewährt oder politischer Druck auf die Regierung Thailands ausgeübt. Die politische Stabilität der ASEAN Region schien jeher als oberstes Ziel, da sie eine Voraussetzung für wirtschaftliche Prosperität darstellt. Im Zuge dieser Priorität entschloss sich Malaysia auch auf Drängen der thailändischer Seite ab Mitte der 90er Jahre sogar aktiv die Grenzbewegungen zu kontrollieren. Dies hatte den Untergang zahlreicher separatistischer Gruppen zur Folge, da diese nun kein Rückzugsgebiet mehr besaßen (STAHR 1997: 227-229).

3 Schlussteil

Zusammenfassend möchte ich sagen, dass dieser Konflikt geprägt ist von Ignoranz und gegenseitiger Intoleranz. In Bezug auf die Lösung dieses Konflikts hat die Regierung mit ihrer Assimilationspolitik mehr Schaden angerichtet als zur Beilegung des Konflikts beigetragen. Die bewusste Abgrenzung der Malay-Muslime vom Staat ist somit sehr verständlich jedoch keineswegs hilfreich.

Auffällig ist zudem, dass es keine ehrliche Kommunikation zwischen den Konflikt Parteien besteht. Das Element der Islamischen Bürokratie, siehe PCIA und NCIA, könnte hier Abhilfe schaffen sofern es nicht als Kontrollorgan missbraucht würde. Ich sehe die Notwendigkeit, dass die Regierung die Bedürfnisse der Malay-Muslims und ihre besondere Situation ernst nimmt und ihnen gewisse Zugeständnisse macht. Die Muslime sehe ich in der Pflicht nicht nur das Schlechte im Staat zusehen sondern auch einmal über die positiven Chancen einer Integration nachzudenken. Die zunehmende Gewalt in den 1990er Jahren sehe ich als Resultat von nicht vorhandener Kommunikation. Auf irgendeine Art und Weise müssen sich die Minderheiten Gehör verschaffen. Ich deute dies als eine Art Hilferuf. Sollte ihnen diese Hilfe von Seiten der Regierung verwehrt bleiben, so sehe ich die Gefahr, dass sich womöglich der internationale Terrorismus in diesen Konflikt einmischen wird. Diese Entwicklung wäre fatal und erste Züge sind bereits heute erkennbar.

Abschließend kann ich nur nochmals erwähnen, dass meiner Meinung nach eine ernst gemeinte und ehrliche Kommunikation und die Anerkennung der Malay-Muslims als besondere ethnische und kulturelle Gruppe, der Schlüssel ist um diesen Konflikt zu lösen.

5 Literaturverzeichnis:

CHALK, P. (2002): Militant Islamic Seperatism in Southern Thailand. In: J. F. ISAACSON / C. RUBENSTEIN (Hg.): *Islam in Asia*. New Brunswick, S. 165-186.

FUNSTON, John (2006): Thailand. In: Greg FEARLY / Virginia HOOKER (Hg.): *Voices of Islam in Southeast Asia – A contemporary Sourcebook*. Singapore: Institute of Southeast Asian Studies, S. 77-88.

STAHR, V. (1997): *Südostasien und der Islam*. Darmstadt, S. 212-234.

YEGAR, M. (2002): *Between Integration and Secession. The Muslim Communities of Southern Philipines, Southern Thailand and Western Burma/Myanmar*. Lanham, S. 73-181.